エースくんとヨバンさん

犬とアヒルの友情物語

石川真衣

KADOKAWA

はじめに
かけがえのない日々を「エースと4番」の〝チーム石川〟で

動物好きのみなさん、こんにちは。数ある書籍の中からこの本を手に取ってくださりありがとうございます。私も動物が大大大好きです！

私は23歳の時、1人暮らしなのにゴールデンレトリーバーの赤ちゃんを迎えました。作家業は基本的に1人で進める仕事です。でも私は、目的に向かって一緒に支え合うチームに憧れていました。なので、ペットではなく〝チーム石川〟のメンバーとして「エース」を仲間に入れました。

エースは、私が悲しい時は隣にピタッとくっ付いて私の肩にアゴを乗せたり、手の甲に自分の大きく重い手をドスンと置いて寄り添ってくれました。仕事が終わらなくて深夜まで作業をしている時は、足元で静かにじっと寄り添って待っていてくれました。

朝と夜のお散歩では、一緒に季節のお花を探しながら会話を楽しみました。エースと私の関係は、親子とか恋人とかペットとかこの世にある言葉では表せません。

31歳の時に鎌倉へ引っ越して、夢だったお庭のある暮らしが始まりました。そこで新しく〝チーム石川〟にメンバーを迎えることにしました。それがアヒルの「ヨバン」です。「4番」という意味で、野球の「エースと4番」なのです。

ヨバンの性格はエースくんとは真逆でした。マイペースで自分の気持ちに正直です。飼い主の都合なんて関係ないし、散歩は1人で行って帰って来ます。

この本は、2020年夏にアヒルを家族に迎えてから、2023年初夏に愛犬が去るまでの約3年間の思い出を、漫画と写真と文で綴ったものです。3年間って私からするとあっという間だけど、犬とアヒルにとっては一生のうちの多くを占めた時間です。だからこそ、エースくんとヨバンさんとの暮らしはかけがえのない日々でした。

私たちは違う種類の動物が集まった家族だけど、特別ではないです。世の中にはいろんな家族の形があって、みんな違います。こんなタイプの家族もいるんだな～、という気持ちで笑いながら読んで、見ていただけたら嬉しいです！

石川真衣

エースくんとヨバンさんをめぐる相関図

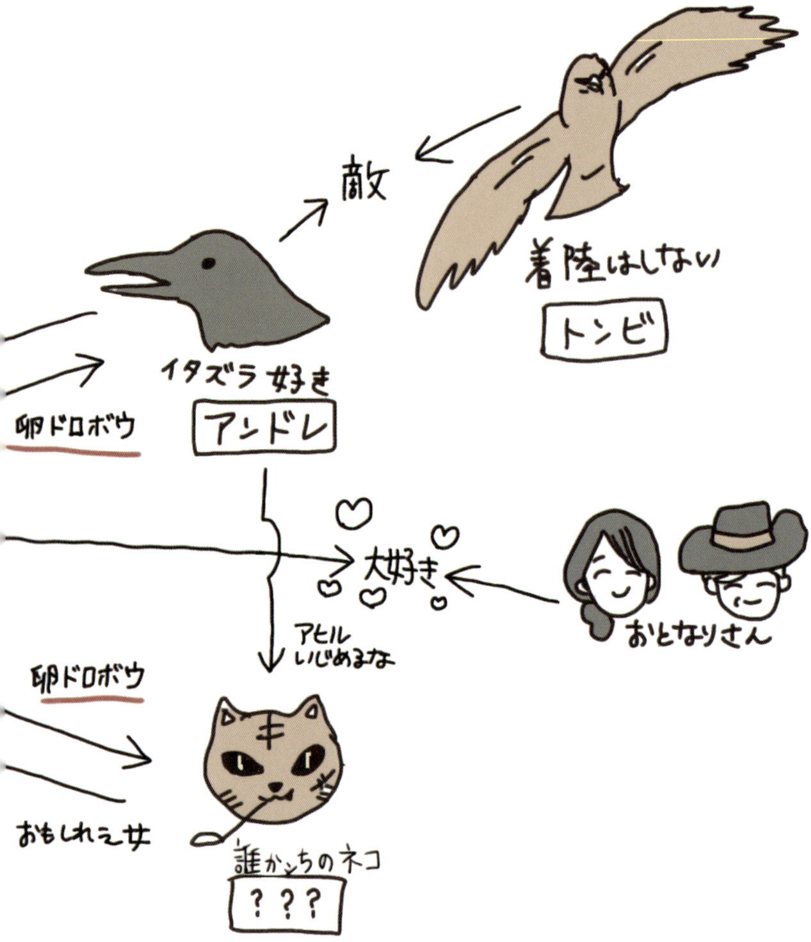

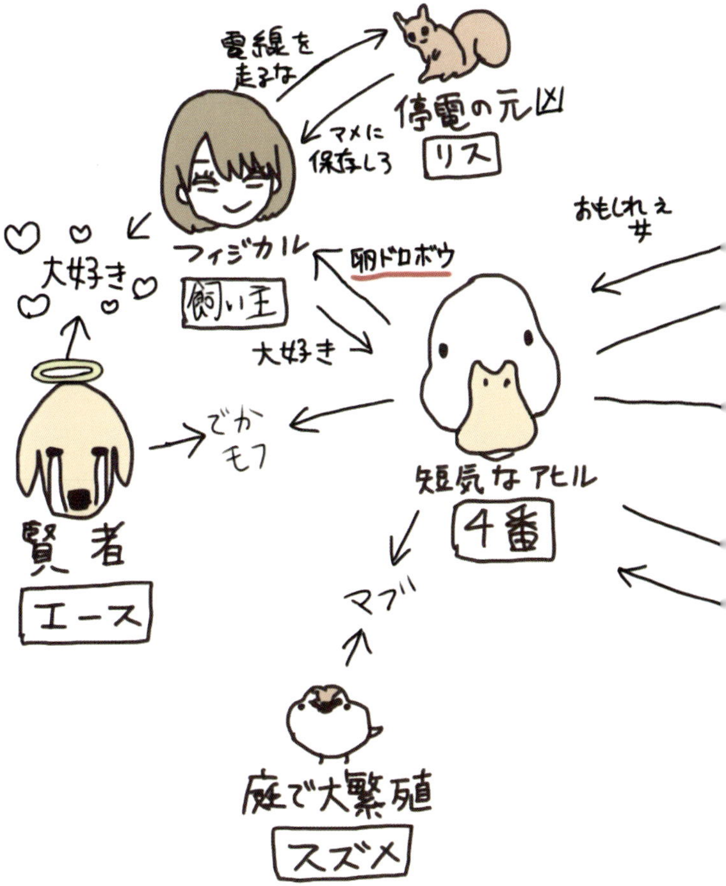
電線を走るな
マメに保存しろ
停電の元凶
リス
大好き
フィジカル
飼い主
卵ドロボウ
大好き
おもしれぇ女
短気なアヒル
4番
でかモフ
賢者
エース
マブ
庭で大繁殖
スズメ

エースくんとヨバンさん　目次

犬とアヒルと人間の
シェアハウスにようこそ！

やだ

アヒルを飼うキッカケ

大学時代 私は多摩の自然の中にあるボロアパートに6年間住んでいました
※まだ17：00
こわ

ある日 大学の帰り道で後ろから聞いたことのない足音がついてきました
ペタ
ペタ
ペタ
びくぅ
ペタってなに？
ペタ
ばっ

アヒル
ペタ
ペタ
コツ
コツ
コツン
ペタン
ついてきてる…
ペタ
ペタ
ペタ
アパートまで来てくれた
トゥンク
後日知りましたが
ご近所で放し飼いにされてる
アヒルでした

そのアヒルは大きくてかわいくて
ご近所じゅうから愛されていました
アヒルと触れ合って
驚いたことは
意外に賢いということ
大学院を卒業する時は
私のアパートまで
あいさつをしに来てくれました
一人前の作家になって
大きなゴールデンレトリーバーと
暮らすのが夢だけど
映画「ベイブ」
みたいな暮らしに
憧れてる女↓
いつかアヒルとも
暮らしたいな
できたら
海の近くで♡
(埼玉県民→)

ヒヨコのヨバンさんに嫉妬して“赤ちゃん返り”したエースくん。
タライに入ってしまって飼い主も驚いたけど、ヨバンもびっくりしている表情です。

ヒヨコのヨバンさんの様子をしっかり見ているエースくん。
面倒見のいい、やさしいワンワンです。

かわいい小さな妹が瞬間湯沸かし器に。エースくんの大人の対応に飼い主は感動

YouTubeやSNSで、異種動物同士が仲良くしている癒し動画をよく見かけます。実際には、あんなに異種同士がお互いを受け入れて親友みたいに仲良くなるのは珍しいケースだと思います。同種ですら、個々の性格は大きく違うし、相性もあるからです。

まさにうちがそうでした。初めてエースくんとヒヨコのヨバンさんを会わせた時は最悪でした。エースくんは小さくて素早くてピイピイと鳴くヨバンに興味津々、追いかけて鼻の先でしつこく嗅ぎまくっていました。ヨバンは生まれて初めて見る自分より何倍も大きい犬に追いかけ回されて心臓が飛び出るほど怖かったと思います。

エースは追いかけて臭いを嗅いでるだけでしたが、はたから見ると、水鳥の雛《ひな》をハントする狩猟犬のようで私もハラハラしました。万が一のために、屋内でしたがエースにリードを付けて短く持っていて正解でした。すぐに引き離して、2人を少しずつ慣らしていくことに決めました。予想外に2人はすぐに慣れたようで、エースが寝ているとヨバンが近づいて、お腹のあたりにそっと寄り添って寝たり、ヨバンが洗面台でお水遊びをしていると、エースが覗き込んで見守ったりしていました。

そんな微笑ましい関係は、２ヶ月が過ぎてヨバンがほぼ大人の姿に成長したとたんに終わってしまいました。ヨバンはヒヨコ時代はかわいい小さな妹のような性格だったのに、大人アヒルになったら瞬間湯沸かし器みたいに短気で横暴な女性に……。

ヒヨコから大人アヒルになって間もない頃、お庭でいつものようにエースくんの桶へ新鮮な飲み水を注ぐと、ヨバンさんがガガガと怒りながら近づいて来て、割り込むようにお水をがぶ飲みしてしまいました。きれいだった飲み水はヨバンのクチバシに付いた土で濁ってしまいエースがとまどっていると、ヨバンはエースくんにアヒルアタックをしたのです。ジャンプしながら相手にぶつかる攻撃です。

想像していただきたいです。もしこれが部活だったら？　テニス部の部室で新入部員の後輩が先輩である自分のドリンクを飲み干してしまい、唖然《あぜん》としていたら、さらに体当たりしてきたわけです。上下関係を重んじる犬にとってはたまらない出来事だったと思います。だからといって注意しても、アヒルは話の通じる相手ではありませんッ。さすがのエースくんでもこれは怒っても仕方ない場面。でもエースはやり返しませんでした。

この日以降、エースは数えきれないほどアヒルアタックされながら、一度もやり返すことはありませんでした。むしろお水は譲ってました。追いかけられても攻撃されても怒らない、理不尽にキレられてもやり返さない。人間の世界で「ケンカは同じレベルの人同士でしか発生しない」と言いますが、まさにうちの庭で証明されていました。

アヒルが家族になるまで

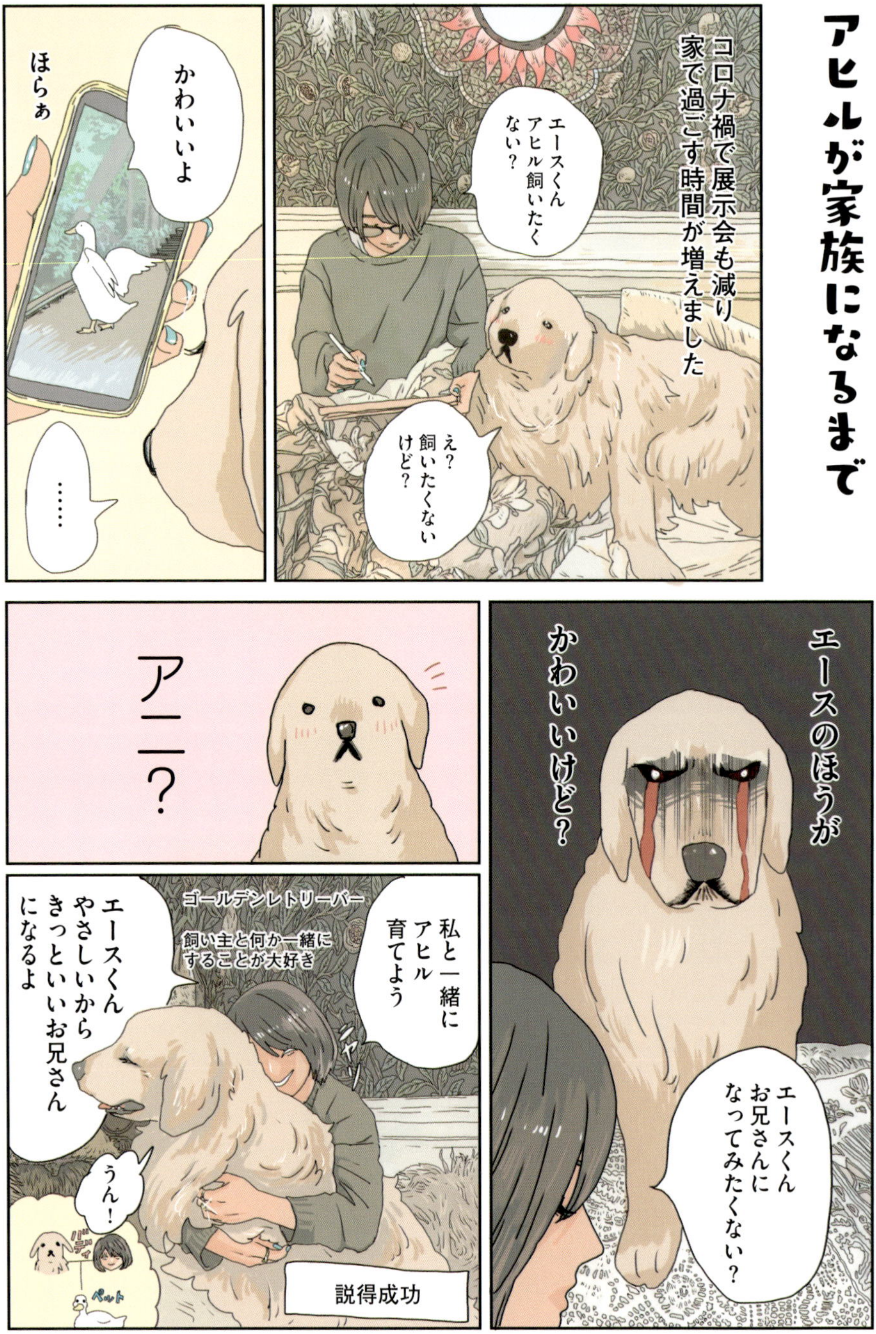

3人でお散歩

ピィイイイいい
アヒル口って モテるって言うけど…
クスクス
ヨバンは？…
ピピピピピィ
ペタ
ペタ
ペタ
ペタ
足が見えない…
アニメのようだ
ペタ
ペタ
ペタ
ペタ
ペタ
ペタ
よく来たね
一緒にお散歩しよう
ピィイイイイ

そして
1年後
もう散歩の時間だね
わーい！
ガアアアアアアァァ
ガァアアーー！
（行くぞ）
こわ…
ちょっと待っててね…
ヨバンさん〜く
足が速いよぉ
真衣ちゃん
置いてかれるよ！
引率したがる
ヨバンさん
ベタッ
ベタッ
ベタッ
ベタッ
ベタッ

サッ
ペタ
ペタ
ペタ
私たちが消えたら
ヨバンさん
どうするかな
怒られるよ…
ペタ
ペタ
アレ??
きょろ
きょろ
グワァァァァ
ベタ
ベタ
ベタ
ベタ
はわぁ…
うそぉ
ドスッ
ヨバンしゃん!

ここでよくお店やさんごっこをするので、
自然とヨバンは向こう側からこちらを覗き、
その手前にエースがいるのが定番です。

エースくんとボール遊びをしているとなぜか交ざってくるヨバンさん。
アヒルは飛べないけど、走る時に翼を広げて加速します。

朝からヨバンのタスクが山積み…。山に移住して早寝早起き生活に

山（鎌倉の山のほう）に引っ越してから、自然に圧倒されてばかりです。規格外の大きさの虫も、電線の上を走る野生動物にも慣れましたが、早朝の野鳥の鳴き声だけは今でもびっくりします。春のガビチョウが特にやばいです。美しいホーホケキョもかわいいチュンチュンピィピィもかき消して大音量で鳴き叫んでいます。鳴き声が大きすぎて、鳥が家の中にいるんじゃないかと本気で思って、飛び起きたことが何度もあります。

ここに引っ越して1年目はヨバンさんはいなかったので、このガビチョウだけが騒音迷惑鳥さんでしたが、2年目からはヨバンさんも加わり、本当に家の中からも鳴かれることになってしまいました（夜のうちは夜行動物たちから守るために、翌日の朝まで浴室にアヒルを移動させています）。

春は鳥たちが繁殖でテンション高く、そのまま夏に突入。夏の空は4時頃からじんわり明るくなり、夜明けと同時に鳥たちも起きるので、あっという間に外は朝から大騒ぎです。鳥って共鳴する生き物で、外の野鳥の鳴き声に反応してヨバンもめいっぱい大きな声でガァアアアアアアアと鳴きます。私は朝は苦手ではないし、夏は6時前に犬の散歩

に行かないと地面が熱くなってしまうのでそもそも早起きでした。でも4時っていくらなんでも早すぎます。ヨバンを飼うまでは、6時前にエースと散歩して、帰って来たら8時までエースと一緒に二度寝して過ごすのが好きでした。

エースはとにかくやさしかった。私が締切前に夜遅くまで作業していると、仕事が終わって寝るまで足元で丸くなって待ってくれていたし、そのせいで1時間寝坊した日は私を起こさずベッドの下で伏せをして待ってくれていました。エースは私の起こし方もスーパーやさしかったです。カーテンの割れ目に体を入れて回転して控えめに部屋に朝日を入れたり、私の頬をざらっと舐めて見つめて起こしてくれたりしました。

アヒルは体内時計を飼い主に合わせて調整なんてしません。ヨバンは日の出とともに起きたら、まずお世話をしないと鳴きやまないので、お外に出して浴槽を掃除して朝ごはんを与えてからお外のタライにお水を。朝からタスクが山積みで二度寝もできません。結果的に私は早寝早起き生活になり、とても健康になったと思います。

私のようなフリーランスの職業は時間割のない生活が当たり前です。朝と夜が逆転していたり、働き詰めで1日じゅうカーテンが閉まった部屋にいて、今が何時なのか何曜日なのかわからなくなるような生活の方もいると思います。そんな生活を強制的にでも変えたいなと思っている方は、山に移住して犬とアヒルを飼えば解決しますよ（笑）。毎朝日の出とともに野鳥に起こされて動物のお世話をして暮らしていれば、誰でも健康になりそうです。

ヒヨコと赤ちゃん返りと

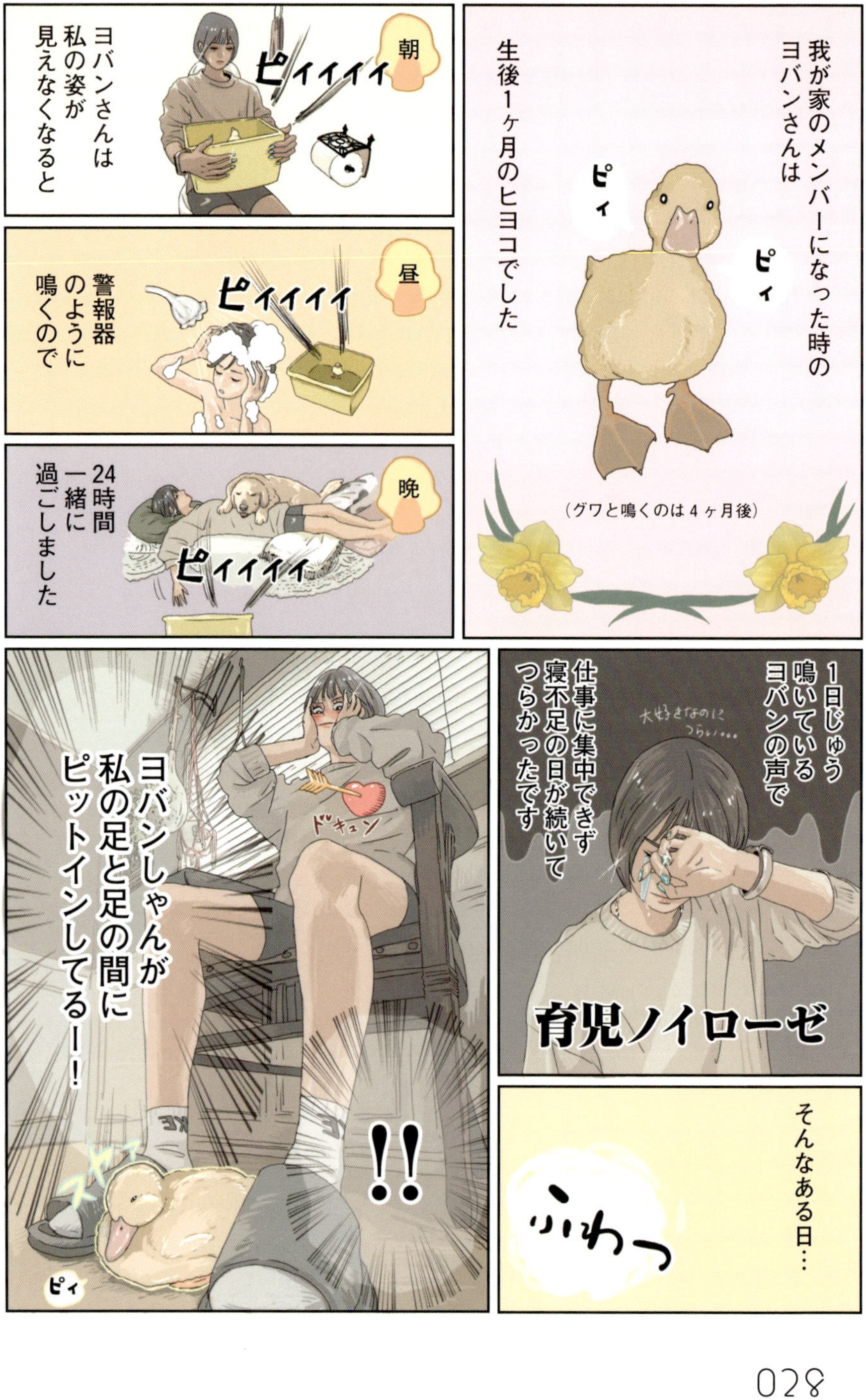

真衣ちゃんが
守ってあげる
からねえ！
かわいい♡
……
じっ
ピィ
ママだよ♡
真衣ちゃん
チョロすぎる
?
ここで
寝るのぉ?
はわ..
ズキュン
パシャ
パシャ
かわいいぃ
全員メロメロ

かわいいけど つらい…
……
ヒヨコのお世話は とにかく寝られない
ピィ ピィ
★室温管理 ★24時間呼び鳴き
★食べた量よりうんちする
ねぇ 今日は海まで お散歩の日だよね？
ゴメン
今日は近くの 公園でいい？
ヨバンを 置いて遠くに 行けないよ
真衣ちゃん 21時だよ 一緒に金ロー見ようよ
もう眠い
昨日も 眠れなかったし 仮眠するから エースくん 1人で金ロー 見てね
仮眠してるあいだ
エースくん ヨバンのこと 見てて
わかった
……
ポロリ…

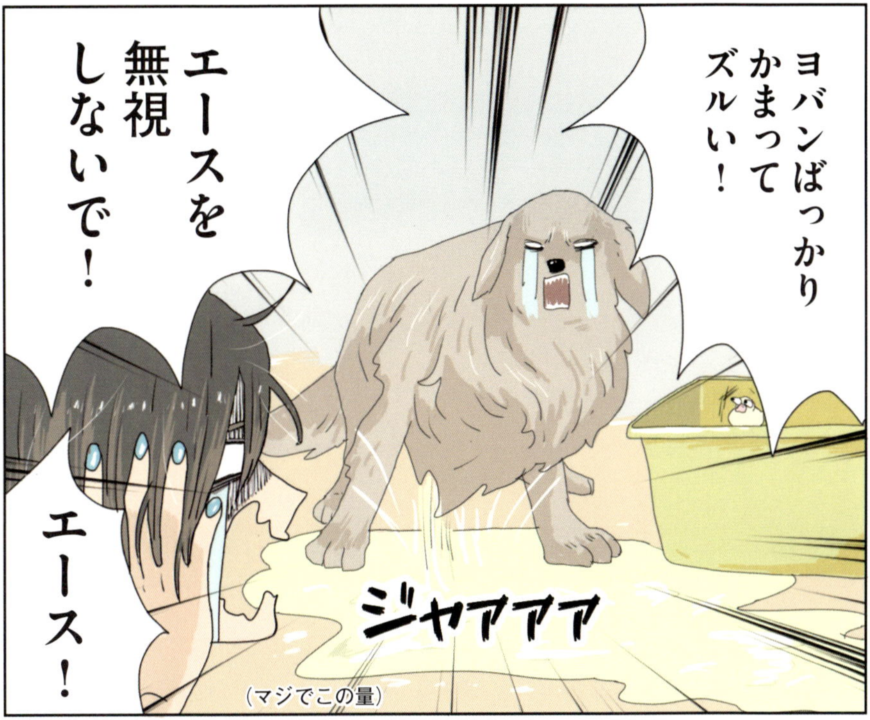
ヨバンばっかりかまってズルい！
エースを無視しないで！
エース！
ジャアアア
(マジでこの量)

エースも赤ちゃん返りして大変な2ヶ月でした
赤ちゃんが増えた…
2ヶ月
2ヶ月
あっという間に大人になりました
じっ
悪いことして隠れてこっち見てる
ぴゅうーん

お庭の小道で鉢合わせした２人。ヨバンさんに道を譲るやさしいエースくんです。

クリスマスの日に飾りつけられた２人。
ヨバンさんは女優なので、ポージングが完璧です。

自然いっぱい！虫いっぱい！穏やかな暮らしの裏にはヨバンさんも怯む生き物が…

私とエースとヨバンは、鎌倉の自然豊かな環境でたくさんの動物たちに囲まれて暮らしています。トンビとカラスの空中大バトルも最初は怖かったけどもう慣れました。リスが鳩みたいにそこいらへんにいるのも慣れました。夜に電線の上を歩いている夜行性の動物にも慣れました。

私もエースも虫が苦手なのでお庭にいる時に大きな毛虫がいると嫌だけど、ヨバンさんが食べてくれるので大丈夫です。

そんなヨバンも怯《ひる》む生き物が一度、お庭に現れたことがあります。

その日、私はお庭の草むしりをしていました。ひと休憩する前にヨバンのタライのお水を交換することにしました。夏は午前中でも気温が高くて、ヨバンのタライのお水を何度も替えないとすぐに温水になってしまいます。蛇口をひねろうとした瞬間に立水栓《りっすいせん》の後ろからツヤツヤのロープのようなものが飛び出してきました。

「蛇だ！」今まで見たことのない大きさの蛇がヌルヌルと目の前を横切っています。私の地元の熊谷ではよく蛇を見かけていましたが、比べものにならないくらいの大きさでした。もしエースが血気盛んな犬で噛みつこうと蛇に向かっていったとしたら、私は全身でエースを止めていたと思います。でもやさしいエースくんは私の後ろで大人しくしていました（笑）。

いつものヨバンさんなら「ガガガガ」と蛇に立ち向かっていると思います。でもさすがのヨバンさんもやばいと思ったようで、お地蔵《じぞう》さんモードになっていました。飼い主ももっと勇敢になってアヒルと犬を守るために蛇を退治するべきかもしれないです。そんなこと絶対に無理！

蛇は私たちに興味なしという感じで家のほうへ消えていきました。もしかしたら家を守ってくれている蛇なのかもしれないですよね！

「家を守ってくれている」と言えば、家の中にアシダカグモも住んでいるのですが、CD盤並みの大きさなので、もうこちらも退治は不可能です。ネットで調べると、益虫《えきちゅう》だから家から追い出さないほうがいいらしいです。

山の暮らしは人間にとって健《すこ》やかだけど、蛇も虫も同じように健やかに育っていくから大きく元気です。もしエースが犬じゃなくて猫だったら、私のところに大きな虫たちを集めてくるのかな？　生き物の組み合わせや性格次第で、生活の賑やかさが変わるので、そんな状況を想像すると面白いです。

お散歩中
あ！でかいカマキリだ！
めっちゃ怒ってる（笑）
真衣ちゃん触っちゃダメだよ やめなよぉ
ぱくっ
もしゃ
もしゃ
カマキリも……

鎌倉に引っ越してきて初めて大きな海を見たエースくん。
波打ち際や水平線を見て圧倒されてる子どもみたいなエースにジーンときました。

真夏にお庭でスイカを食べていたら、
あっという間にひと口盗まれてしまいました！
犯人はしれっとしてるけど、完璧な証拠が残っています！

飼い主とヨバンさんにハグされるエースくん。
「仕方ないナ」と、いつも私たちを受け入れて甘えさせてくれます。

当たり前に飲み水をシェアする２人。
犬とアヒルも一緒に暮らせば家族になるんだと感動しました。

モーニングルーティン

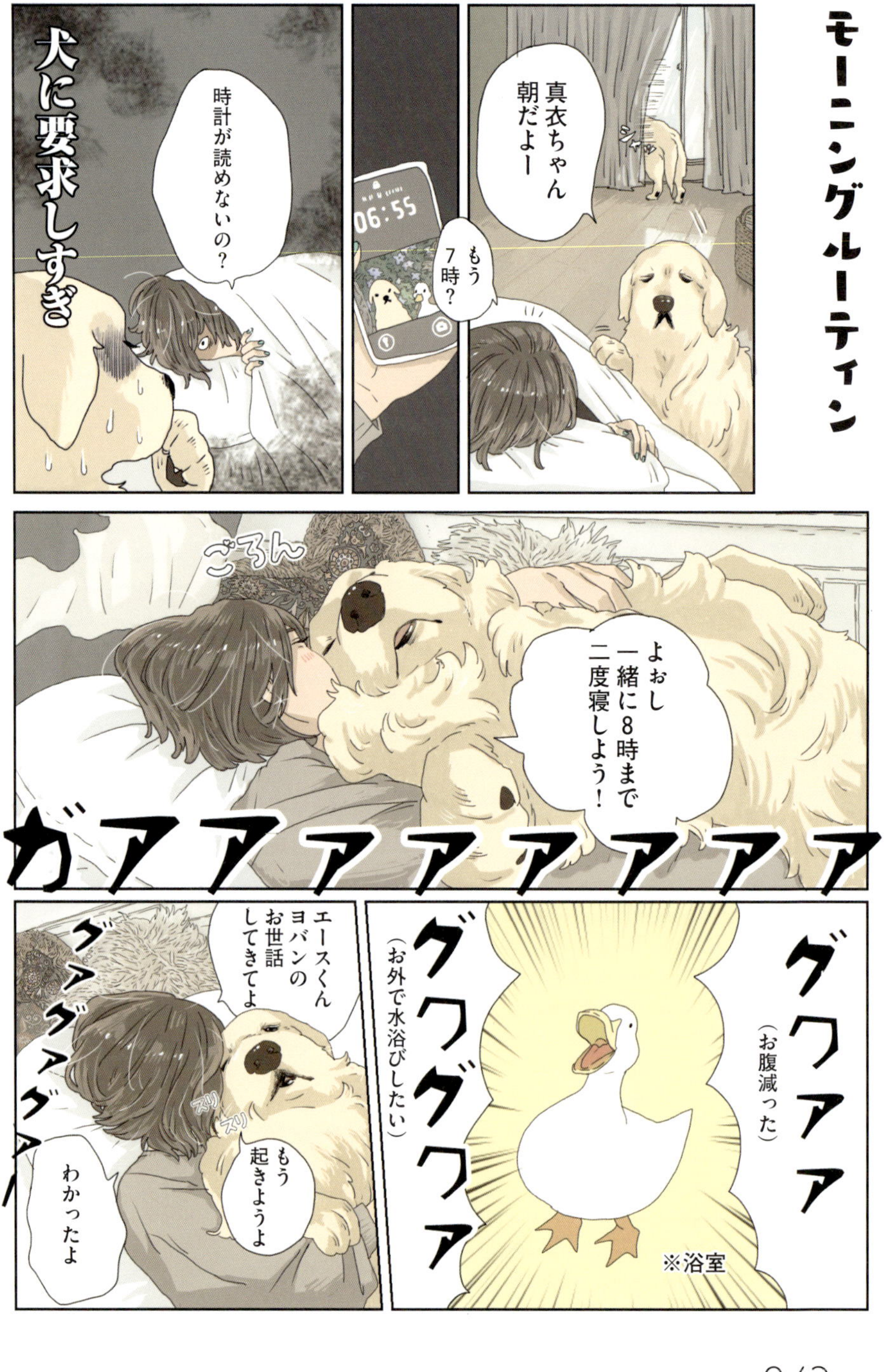
真衣ちゃん朝だよー
シャッ
もう7時?
06:55
時計が読めないの?
犬に要求しすぎ
ごろん
よぉし一緒に8時まで二度寝しよう!
ガアアアアアアアア
グワアア
(お腹減った)
グワグワア
(お外で水浴びしたい)
※浴室
エースくんヨバンのお世話してきてよ
グアグアグアグア
ズリ ズリ
もう起きようよ
わかったよ

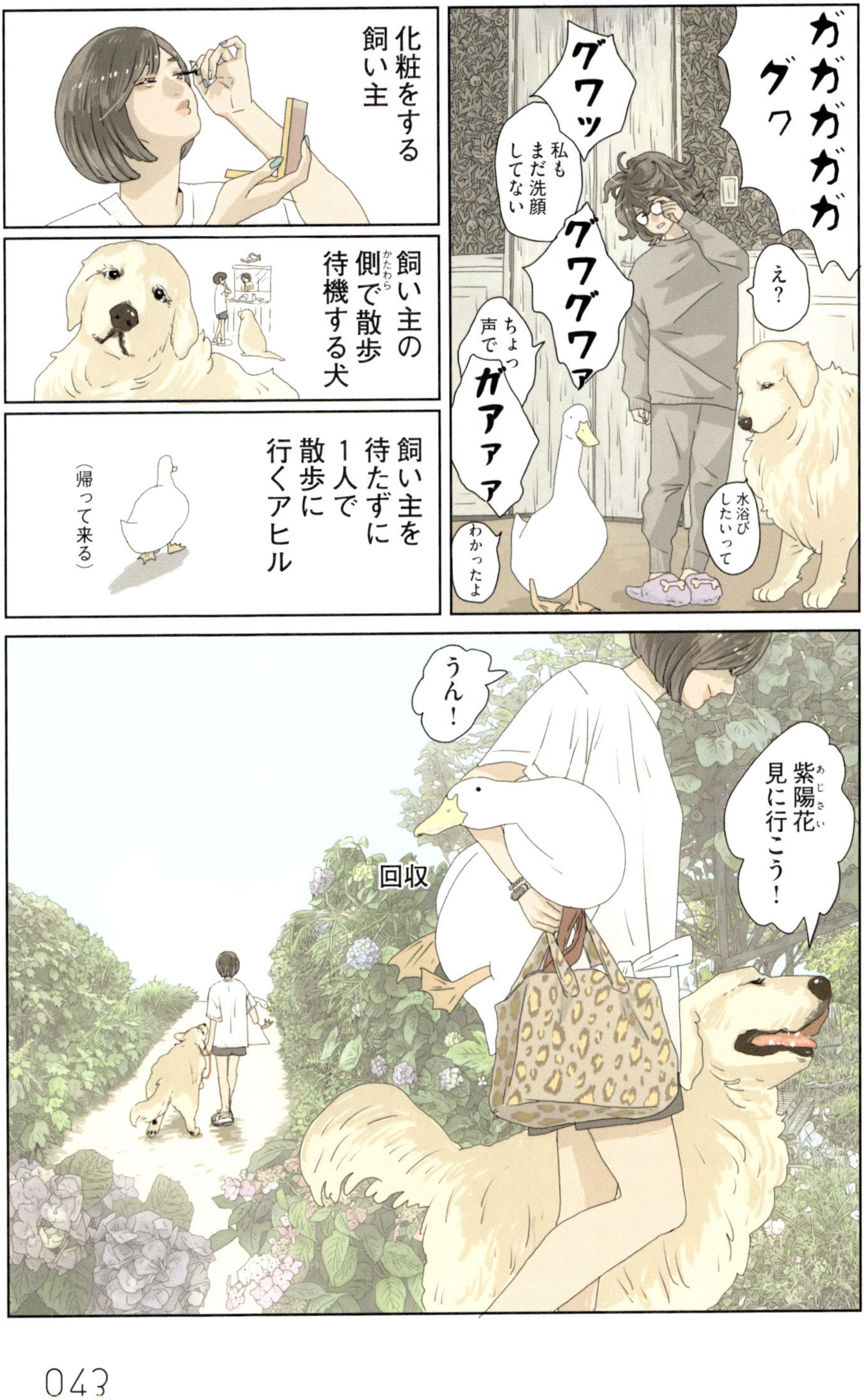
ガガガガガ
グク
グワッ
私もまだ洗顔してない
え？
グワグワァ
ちょっ声で
ガアァァ
水浴びしたいって
わかったよ
化粧をする飼い主
飼い主の側《かたわら》で散歩待機する犬
飼い主を待たずに1人で散歩に行くアヒル
（帰って来る）
紫陽花《あじさい》見に行こう！
うん！
回収

エースくんと季節を楽しんだ宝物のお庭。ヨバンさんが加わってついに完成！

エースくんはパピーの頃から、お花を愛するやさしい犬でした。一緒にお散歩をしている時、季節のお花を見つけては足を止めて鼻を近づけ、目を細めながら香りを堪能《たんのう》していました。私は季節のお花を見つけることを「春探し」と名付け、2人でお散歩するのが毎日の楽しみでした。鎌倉に引っ越してからは、ただ土が盛られていただけの土地を、エースと一緒に少しずつお気に入りのお庭へ改造しました。お散歩中に見つける春夏秋冬のお花との出会いもいいけど、お庭なら自分たちだけの好きなお花を植えることができるし、紫陽花や薔薇《ばら》などバリエーション豊かな品種の中から苗木を選べるオリジナル性が、ゲームのようで楽しかったです。

芝生エリアを作ってエースと一緒にピクニックしたり、レンガを敷き詰めて階段や小道を作り、エースとリラックスするためのスペースとして椅子を置いたりしました。何年後かにエースとりんご飴《あめ》屋さんごっこをしたくて姫林檎《ひめりんご》の苗木を植えたり、お庭でエースとビアガーデンをしたくてバーカウンターを立てるエリアを作ったりも。蝶々《ちょうちょう》が私たちのお花にひらひらと飛んできて、その様子を喜んでいる風景をエースと一緒に眺めている時は、かけがえのない時間だなと思ってよくジーンとしてました。
いつかエースがいなくなっても、2人で見たお庭の景色を思い出せるように、一年草ではなくて宿根草《しゅっこんそう》や球根を植えて、毎年同じ季節に同じお花が咲くようにしました。コロナ禍になり家にいる時間が増えたことでお庭作りが一気に進み、ほぼ完成して環境が整ったところで、念願のアヒルを迎えることになったのです。
アヒルのことは一応勉強してからお迎えしましたが、まさか球根を全部掘り返されるとは思いませんでした。冬には水仙《すいせん》のお花が1つも咲かなくて悲しかったです……。エースが好きだったカラフルで小さくてかわいいポーチュラカというお花は、萼《がく》から上を全部ヨバンに摘《つ》まれて食べられてしまいました。お花を求めて飛ぶ蝶々をヨバンが捕食しているシーンも何度も目撃しました。1羽の鳥がお庭に入ることでこんなにお庭の秩序《ちつじょ》が乱れるなんて思ってもいなかったので、私とエースは愕然《がくぜん》としました。
対策として、お花はヨバンが届かないように花壇《かだん》の内側に寄せて、花の苗を手前から奥に向かって背が高くなるように植えることにしました。そして、ヨバンが花壇に侵入しないように、背の低い木の柵をすべての花壇に打ち付けました。
するとなぜか全体の見栄《みば》えが良くなってお庭としての体裁《ていさい》が整いました。しかもアヒルがお庭にいるだけでお花たちが引き立つというか、おしゃれな雰囲気が出るというか、めちゃくちゃ映えることに気がつきました。エースと私のお庭はヨバンが加わって完成したんだね、といつもエースに語りかけています。

ヨバンさんは、背後からエースくんをモフッとするのが好きです。
ストーカーのようにエースの後ろをつけ狙います。

オスだと思っていたアヒルが初めて卵を産んだ日です。
ヨバンは誇らしそうな表情をしています。

ホラー

真衣ちゃん
お外が
大雨だよ
うそ
仕事してて
気づかな
かった
ザァーー
ほんとだ〜
すごい
雨音だね
コッ
コッ
コッ
え
コッ
コッ
コッ
コッ
コッ
コッ
何？
この音……
コッ
はっ
コッコッコッコッ
家に入れろ
（窓をクチバシで
叩く音）

飼い主がお庭に植えた植物をヨバンさんが根絶《ねだ》やしにしてしまうので、
エースくんと一緒に監視しています。

お庭に手作りの竈《かまど》を作ってBBQをした時です。
何をするにも一緒に楽しんでくれる、かわいい家族たちです。

怒りまくるアヒルとのんびりすぎる大型犬。みんなで仲良く？3人ボール遊び

エースくんはゴールデンレトリーバーにしてはインドアなタイプでした。ドッグランに連れていってもほかの犬と遊ばないし、アスレチックにも興味がないし、海や川でも泳ぎません。ボールもキャッチすることが苦手で、投げたボールを追いかけるのも途中であきらめてしまいます。長めのお散歩も嫌がって途中で寝てしまいテコでも動かなくなります。

人間にもいろんなタイプがいるんだから、こんなゴールデンもいるんだなと、運動の代わりに疲れない遊びを一緒にして過ごしました。展望台で海と夕焼けを眺めたり、お花の香りを嗅いだり、テレビを見たり、エースくんとたくさんチルして幸せでした。

でも、エースとボールで遊ぶことだけはあきらめることができませんでした。野球的なエースの名にふさわしいキャッチができなくても、せめて、ポーンとゆっくり投げたボールを、落としてもいいからくわえて持ってきてほしいと思いました。

そうして、私とエースのボールキャッチの特訓が始まりました。お庭の広いスペース

で、エースと私が3メートルほど離れて向かい合い、やわらかいゴムボールをエースの顔に向かって声かけしながら放物線になるように投げます。「エースくんいくよー」すると、「グワー」とヨバンが返事をします。

私とエースの間にヨバンが現れてボールを追いかけてエースの元にペタペタ走ります。エースくんはボールをキャッチできないので、ボールはエースに当たって地面に落ちます。地面に落ちたボールをエースくんが拾うと、やっと追いついたヨバンが、ボールを寄越せという感じでエースに怒ります。私が仲裁に入ってボールをもらって、また定位置に戻るとヨバンが私に怒りながら迫ってきます。

エースくんはボールキャッチの練習ということを理解してますが、ヨバンさんはルールとか何も理解してないのにグイグイ参加してきます。お散歩に行く時も怒りながらついてこようとするし、お庭にテントを張ってグランピングごっこした時も怒りながら入ってこようとしたし、ピクニックした時も怒りながらシートの上に乗ってきました。つまり、怒ってるけど一緒に遊びたいのです。一緒に遊ぼうって声をかけなかったから怒ってるのかもしれないです。

エースくんは結局、最後までボールキャッチができなかったけど、ヨバンが勝手に横入りして生まれた、謎の「3人ボール遊び」のおかげで、エースとも楽しく運動をすることができました。

ゾンビごっこ

ただいまー
ゾンビ映画どうだった?
面白かったよ!
明日ゾンビごっこしよう!
ゾンビごっこ…
サバイバルバトル
背中合わせで戦うバディ
深まるキズナ
楽しそう!
スヤァ
次の日
ゾンビアヒルを捕まえたぞ!
ゲワッ
痛ッ
ガブリ
噛まれた~私もゾンビになっちゃった
(ゾンビ飼い主)
(ゾンビアヒル)
ガブガブ
がしがし
ガブゥ
思ってたのと違う

飼い主が、ヨバンのためによかれと思って
お庭のお花をタライに入れてお水に浮かべた時です。
本人は望んでいないのに。

ISHIKAWA MAI

いい湯だな

お風呂を独り占めしたいヨバンさん
ガチャ
しごおわ〜く やっと シャワー 浴びれるぅ
ガアアアアアア
自宅のお風呂は アヒルに明け渡しました
※水浴び
バシャ
バシャ
お風呂に浸《つ》かりたいなぁ
飼い主はシャワーのみ
ガアアアアアアアア
(私のお風呂に長居するな！)
ガアア グワアアアアア
(勝手にシャワーを使うな！)
(出ていけ！)

グワァーーーー
ガアアアアア
わかったよ
早く出ますよ
クワ…
ヨバンさんは
憎めない
アヒルしゃん
うと
うと
ガラッ
かわいい
怒りたいのに
室温が上がるとおねむになっちゃう

食いしん坊たちのおねだりの仕方は真逆。「want」のヨバンさんと「please」のエースくん

エースとヨバンには共通点があります。それは食欲旺盛なところです。２人とも冷蔵庫の野菜室が開く音を覚えていて、ガラッと開けるとお部屋のどこにいても一瞬で駆けつけて来ます。そんなに急がなくてもいいのに全速力で走ってくる姿がかわいくて、ついキャベツやほうれん草をちぎってあげてしまいます。

２人にはちゃんと朝ごはんも夕ごはんもあげてるのに、「今日はまだ何も食べてなくて腹ペコなんです」って顔で必死でおねだりをしてきます。そこまでは一緒なんですけど、おねだりの仕方が２人は真逆なので紹介したいです。

まずはヨバンさん。ヨバンは直情型で、「野菜食べたい！　ちょうだい！　絶対食べたい！　欲しいものは欲しい！」と「want」でおねだりをしてきます。

対してエースくんは思考型で、まずどうしたら野菜がもらえるのかを考えます。「きっとお利口さんにしてたら野菜を分けてもらえるだろう、だからお座りして、真衣ちゃんの目を見て野菜をくださいとお願いしてみよう！」と「please」でおねだりをし

てきます。
ヨバンさんに「欲しい！」とストレートにグワグワ言われるのも、小さい子どもが駄々をこねてるみたいでかわいいし、お利口さんにしてごほうびをもらおうとするエースくんの賢い姿も微笑ましく、2人の個性のいいところが出てるなあと思います。

2人のやり方は両極端ですが、飼い主としてはどちらにも同じくらい、野菜を分けたい気持ちになります。親心としては、エースくんに、もっとわがままを言われたい気もします。ヨバンさんって気分屋さんで、よく言えば「素直」。ほっとけないというか、私が振り回されたりして理不尽だなあと感じることもあるけれど、ヨバンが嬉しそうだと、尽くした甲斐があったなあと逆に喜びが増します。
ヨバンといるとエースくんのわがままが際立《きわだ》ちます。だからこそ、2人から同時におねだりをされた時は、エースくんから先に野菜を与えることにしています。犬を飼ったことがある人なら多くの人が意識していることだと思いますが、多頭飼いの場合は、年齢が高いほうや先に家に住んでいたほうからという順番で、スキンシップやごはんを与えるのが基本中の基本です。でもそのルールは別にしても、私からの感謝の気持ちを込めて、何をするにもエースから先にしてあげたいと思うのです。

エースくんは、ドッグランや泳ぐことなどアウトドアが苦手なゴールデンレトリーバーです。
この日はボールキャッチの特訓をしたけど……へたっぴです！

雑食すぎるヨバンさん

わー
ちょうちょいるよ
ほんとだ
きれいだね
かわいいね
ペタ
ペタ
ペタ
バクッ
うっ
うわああああああ
ちょうちょはやめてぇ
ムシャムシャ

「そこ上っていいんですか？」と訴えるエースくんに対して、
強気に怒っているヨバンさんです。

エースくんのモコモコに、モフッと埋もれるヨバンさん。

急に甘えてくるヨバンさん。不意打ちの愛に飼い主は悶え死ぬ

私とエースは、一緒に支え合いながら共同生活をしているバディのような関係です。会話こそないけど、お互いを思いやって10年間で築いた阿吽《あうん》の呼吸でコミュニケーションが取れています。一方、ヨバンさんとは、シェアハウスの同居人同士のような関係です。ヨバンは自分のすることに干渉《かんしょう》してほしくないし、夕方になれば自分で家に帰って来て自分で浴槽の中に入って自分で毛繕《けづくろ》いして楽しそうに水浴びします。

犬と暮らすことに慣れていたので、アヒルとの暮らしってこんなものなのかな、と最初は物足りなさを感じていたけど、普段は塩な対応だからこそ、たまに甘えてきてくれる時のかわいさが10倍になります。

ヨバンさんってすぐに怒るくせに、エースと私がボールで遊んでいると交ざろうとしてきます。あとをペタペタついてきて、私が椅子に座ると足元で自分も座って寝ちゃうのです。気分によっては甘えてきたりもします。キュゥキュゥと高い声で鳴いて撫でて！　と頭を低くしてきます。撫でてあげると尻尾をフリフリして機嫌が良さそうにします。でも、お客さまや知らない人には警戒してお地蔵さんモードで固まってしまいま

す。どうやらなついている私にだけ、甘えん坊しぐさをしてくれるのです！
ヨバンさんってずるいなぁとつくづく思います。エースくんはどんな時だって相手を思いやったり我慢《がまん》したりして生活してるのに、ヨバンはこんなに自由に振る舞って自分のペースを譲らないし、すぐ怒ってたまに噛みついてきたり。本当に横暴なのに、たまに「でもまいちゃんは特別な存在だよ」みたいな態度で甘えてくるんです！　ズルい女なんです、ヨバンさんは。
しかもかわいいだけでなく、意外に賢いところもあるのです。鳥専門の病院へたまに連れていくのですが、待合室ではインコや文鳥などが、椅子の上にある布をかぶせて暗くした鳥かごに入れられています。鳥たちは安心して、飼い主と一緒に自分の診察の順番を待っています。ヨバンさんは体が大きすぎるので、タライに入れてそのまま人間たちと横並びで椅子に座らせています。人間と同じ方向を向き、状況がわかっているかのようにじっと待っている姿はとても賢く見えます！
そしてお世話になっている女医さんのことがヨバンさんは大嫌いです。脱腸した時に肛門を縫《ぬ》われたことをずっと覚えているのです。自分の脱腸を治してくれた命の恩人なのに……。記憶力がいいのです。人の顔だけでなく、家の間取りなども完全に把握しています。廊下から浴室につながる扉が閉まっていると、リビングのほうにぐるっと回って違う扉から浴室に入ってました。賢い。きっとヨバンは、エースのこともずっと忘れないと信じています。

散歩中
ガガガガガガ
わっ
どうしたどうした
グァグワ
どうしよう
降ろしてみたら？
立ち向かえ自分より大きなものに
ガァアアア
…
ストッ
ヨバンは犬が怖くないのかな…
ぐわ…
サッ
よわ
内弁慶のヨバンしゃん

体重が重いので足の裏にマメができてしまいました。
その時に、ピッタリサイズのサポーターを手作りしました。
本人も満足のポージングです。

海は好きだけど泳げないので、これがエースの楽しみ方です。
「座礁《ざしょう》スタイル」と名付けました。

大型犬とダックアラーム⁉の二重セキュリティで鎌倉イチ安全な家がここにあります

ある日の地元の回覧板に、空き巣被害の注意喚起《かんき》が書かれていました。近所のおうちは、セコムのステッカーが貼られていたり、家の敷地内に死角を作らないようにしたり、防犯カメラを設置したりと、いろんな対策をされています。そしてうちも、大型犬とアヒルの二重セキュリティでやってます。

「大型犬と言ってもゴールデンレトリーバーは番犬にならない」とよく耳にしますが、うちのエースは意外にも、普段はあんなに穏《おだ》やかなのに防犯意識だけは高い犬でした。

1年のあいだに2回くらいしか吠えない犬ですが、2回とも、家の玄関からではない外からの物音がした時に大きな声で吠えていました。プロパンガスの交換や大きな虫が窓にぶつかった時です。やさしいエースの、人が（犬が）変わったような、大きくて低い、獣《けもの》が唸《うな》るような吠え方で私がビビりました。

就寝時も、最初は番をする意識なのか玄関のタイルのところで寝て、安全と思ったら私のベッドに来て一緒に寝ていました。私がお風呂に入っている時は、浴室に背を向けて伏せて洗面室の出入り口を見張ってくれていました。自分から仕事を探して役に立とうとする性格だったので、自宅を守ることが役割だと思っていたのでしょう。
　エースくんが警備員だとしたら、ヨバンさんは爆音の警報器です。ヨバンは警戒心が強くてすぐに怒る性格なので、防犯にはピッタリです。どのくらい警戒心が強いかというと、自分の頭上を飛んでいる飛行機にさえ、遠くに去っていくまでじっと睨《にら》みつけています（笑）。
「でも、ヨバンさんにも機嫌がいい時があるのではないか」「知らない人になついてしまう時があるのではないか」と思う方もいるかもしれないですが、飼い主から言わせていただくと、そんな生ぬるい気持ちで他人を敷地内に入れることは絶対にないです。ヨバンさんがなついているのは、毎日親切にしてくれるお隣さんや裏の畑のおじさん、あとは私とエースくんだけです。そして、なついている人たちにもめちゃくちゃキレます。ヨバンの後ろに立っただけで怒ります。知らない人と目が合おうものなら、壊《こわ》れた警報器みたいなガーガーガーという鳴き声がずーっと先まで響き渡るでしょう。とてつもないボリュームです。そういえばアヒルのクチバシは、拡声器のような形にも見えます。
　そうなると、こんな家をわざわざ選んで侵入する人なんていません。我が家の、強力な大型犬＋アヒルの二重セキュリティは、セコム並みの頼もしさで家をしっかりと守ってくれています！

家庭菜園で育てたミニトマトを、
ヨバンさんにものすごく遠慮しながらいただくエースくん。

かまってほしくて、エースのあとを追いかけるヨバンさん。
強めにアタックされてもエースくんは一度もやり返しませんでした。

異種動物たちの共同生活

ヨバンさんはとても自立心の強い性格です
他人に合わせたりしません

シャワーも勝手に当てられると怒ります
自分で浴びるのは大好きです

他人に移動されるのはイヤがります
自分で歩いて移動したいのです

ヨバンしゃん！抱っこしよ♡
ぎゅ
ぱっ
エースと同じように接するとすぐ怒られます
ガガガガアアアアア
(私の前に立つな)

エースくんはそんな性格の
ヨバンさんを理解して
接しているように見えます
お水はヨバン優先
自分は順番を待って給水
どうぞ
よろしい
お庭で鉢合わせしたら
ヨバンに道を譲る
種の違う者同士
尊重し合うことって
大事なんだね
エースくん
ありがとう

エースから学ぶことは多かったです
賢者《けんじゃ》
他人とぶつからない相手の気持ちを考える
当たり前のことだけど思いやりの大切さをエースは教えてくれました
ガァアアアアアア
(私の前を通るな)
ビクッ
パシャ
わかってもらえないこともある

小さな雪だるまみたいなヨバンさん。寒いとまん丸になって、まるで鏡餅《かがみもち》です。

お庭に雪が積もった日は２人とわいわい遊びました！
お庭があってエースくんとヨバンさんがいれば、365日楽しくて。

木の葉を集めるアヒルの巣作り。教わっていないのにできているヨバンさん

ヨバンさんは教わっていないのに最初から巣の作り方を知っていました。巣作りはまず、お庭の中の草陰や木の根元など、身を隠せる落ち着いた場所を探す作業から始まります。場所を決めたらゆっくりと体を垂直に下ろして、卵を産めるスペースが十分にあるかを確認します。スペースを確保したら、次はクチバシを使って周りの枯葉や小枝を円になるようにかき集めます。アヒルのクチバシは平たい形で靴ベラのように先端が下にカーブしているので、たくさんの木の葉が集まります。ある程度集めたら、次は円の中に入り、その場所でまたかき集めます。そして、体を45度回転させて同じことを。そしてさらに同じ方向に45度回転……とくり返していくと、足元が踏み込まれて土がへこんでいきます。そして周りの集まった木の葉がアヒルを囲んだ土手のような形になっていきます。こうしてきれいなアヒルの巣が完成です。

この巣はヨバンのオリジナルなのか、一般的なアヒルの巣の形態なのか気になって画像検索したことがありますが、ほぼ同じでした。生後1ヶ月でうちに来たヨバンさんが巣の作り方を知っているのは、生まれつき備《そな》わっている本能だからなのです。

そんなていねいな巣作りを終えやっと産卵しても、その日のうちにカラスに卵を盗まれてしまいます。巣にいる時は無防備なので、天敵の猫に見つかってもまずいです。なので2、3回卵を連続で盗まれると、ヨバンさんは必ず巣を別の場所へ移して作り直します。

ヨバンさんはお庭の隅々《すみずみ》まで視察して身を隠せる場所を探します。オブジェの裏や花壇の端など、よくここを見つけたなと感心する場所を探しては、健気《けなげ》にイチから巣作りに励《はげ》みます。でもその日のうちにすぐに見つかって、卵ドロボウされてしまいます。カラスにいたっては、ヨバンさんが巣作りしている時からすでに近くの木に止まって、アヒルが卵を産むまで待っています(笑)。ここはヨバンにとっては〝世界〟だけど、私にとっては自分の家の庭だし、カラスにとっては空から丸見えの場所なのです。

ちなみにこのカラスはいつも同じ1羽で、ヨバンの卵を盗むだけでなく、お庭に降りてピョンピョンとジャンプしながらヨバンを追いかけ回してからかう、イタズラ好きな性格です。私も連続で卵を横取りされたのでこのカラスを警戒していました。でもある日、ガーー！　とお庭からヨバンの呼び鳴きが聞こえたので駆けつけると、ちょうどヨバンの天敵の猫が垣根を飛び越えて逃げるところでした。心配してヨバンのほうを見るとなんとあのカラスが私を見て飛び立っていきました。もしかしてカラスがヨバンを助けてくれたのか？　このアヒルをいじめていいのは俺だけだってか!?　その日からこのカラスをアンドレと名付け、そう呼んでいます。

初めての家族旅行

犬OK
アヒルOK
ヨバンを連れた初めての家族旅行
アヒルを預ける場所がないのでずっと旅行へ行けなかった
ペットホテルは鳥はOKでも水鳥はNGだったりする
動物病院も水鳥は診られない病院が多い
アヒルは宿泊できますか？
ドッグラン付きの1棟貸し別荘 in 那須
アヒル？
アヒル飼うのムズカシイ！
ペットホテルはほぼアヒルNG
荷物も動物も積んだし出発！
クイッ
エースくんは今回が最後の旅行になるかもしれない
エースくんにとって最高の思い出になるような
いい旅行にするぞぉ
?

15分後
!?
ガァアアアア
ガガガガ
グワァア
ガク
ガク
ドスーンッ
今パーキングに
停めるからね
ちょっと
待っててね
フー
フー
フー
フー
真衣ちゃん
ヨバン側の
この小窓を
閉じて…
早くぅ
ヨバンに
とっては
望まぬ旅行
目が合うと
怒る→

休憩時間だよ〜 お水飲んで 少しお散歩しようね
あと どれくらいで 着く?
んー 1時間くらい かな!
What's in my bag
エースくんのリード
エースくんのおやつ
エースくんのおもちゃ
ボロボロのタオル
飲み水 500ml ×3本
ボロボロのトートバッグ (雑誌の付録)
お水入れのカップ
におわないうんち袋
30分に1度は 給水休憩をする
ピチャ
ピチャ
お水をいただく時だけ 別人のように素直なヨバンしゃん
あー! アヒルと ワンワンだー!
移動動物園だな
たしかに
スゲぇ!
知らない家族
全人類から 「かわいい」って言われていると 信じて疑わないエース

似てる
ゲンタシン

教えていないのに、生まれた時から思いやりとレディーファーストを知ってるエースくんは、
いつもヨバンさんに先を譲っていました。

家族写真を撮っている時も、ヨバンさんはエースくんにちょっかいを出していました。不意打ちをくらって「え？」という顔のエースくんがやさしくて、お気に入りのカットです。

「みんなちがって、みんないい」犬とアヒルから学んだ大切なこと

やさしくて賢いエースくん、強くて素直なヨバンさん、その2人を見守り見守られる飼い主。種も性格も違う3人が共同生活をしてきた中で学んだことがあります。それは「相手を変えようとしない」ということです。

金子みすゞさんが『私と小鳥と鈴と』という詩の中で「みんなちがって、みんないい」と綴《つづ》っていました。この詩を初めて読んだ時は、自分が持ってないものを相手は持っているけれど、相手が持ってないものを自分は持っている。だから全員素晴らしい！という内容に漠然と感動していましたが、実際に「私とアヒルと犬と」の生活の中で、さらにこの詩の解像度《かいぞうど》が高まりました。

私たち3人は種類の違う動物同士なので、お互いの特性や習慣は違うのが当たり前ですが、お互いを尊重しているから1つ屋根の下で生活ができています。

たとえば、私は外が暗くなる前に家のシャッターを閉じたいタイプなのですが、あのマイペースなヨバンさんでさえ、私がシャッターを閉じる時間に合わせて、外はまだ明

るいのに家の中へ帰って来てくれるようになりました。私が無理やり帰るようにしつけたわけではなくて、ヨバンが私に合わせてくれたのです。

その代わり、朝の起床の時間は私がヨバンに合わせています。相手の習慣を変えようとしないで、できる限り自分が相手を理解しようと生活しています。

エースくんもヨバンさんも、自然とお互いの縄張《なわば》りを決めたようで、お庭ではヨバンさんが威張《いば》っていますが、家の中だとエースはヨバンを自由に歩かせません。いつの間にかそう決まっていました。

そして、私が版画の仕事をするアトリエにヨバンを入れようとした時、エースはとても嫌がりました。私がお願いすればエースは我慢したと思います。でもその日以降、二度とアトリエにはヨバンを入れませんでした。ただでさえ我慢することが多いエースくんに、自分のテリトリー内では我慢させたくなかったからです。

相手を変えるのではなく、相手を尊重して時には譲歩《じょうほ》することが大事だと、3人の生活の中で学びました。犬とアヒルがどこまで理解してるのかはわからないけれど、不思議と通じ合えている気はしています。

「相手を変えようとしない」この教訓を人間界に持ち込んだとたんに、私は人間関係で悩まなくなりました。人間同士でもわかり合えないことが多々ありますが、同じよりも全然違うほうが、理解を深めてむしろ仲良くなれる気がしています。

エースと私のかけがえのない日々

え？
エースくん お口から 血が出てる
さっきのアーモンドで傷付いちゃったのかな？
一緒に食べたアーモンド

その日は血が止まったけど 5月11日の夜にまた歯茎《はぐき》から出血
40kg
40kg
ガンバレッ
12日の早朝にフラフラのエースを病院に連れていきました

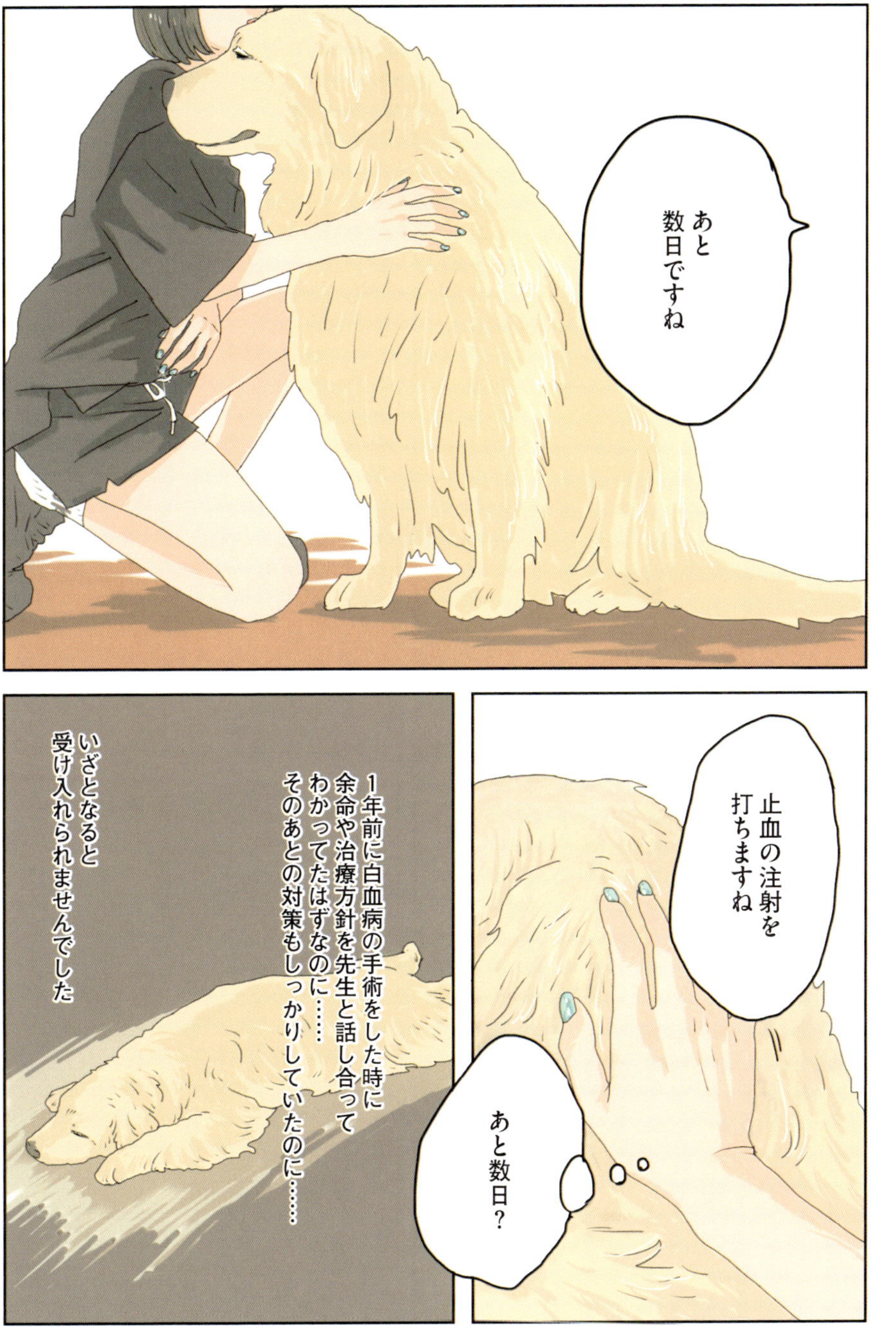
あと数日ですね
止血の注射を打ちますね
あと数日？
1年前に白血病の手術をした時に余命や治療方針を先生と話し合ってわかってたはずなのに……
そのあとの対策もしっかりしていたのに……
いざとなると受け入れられませんでした

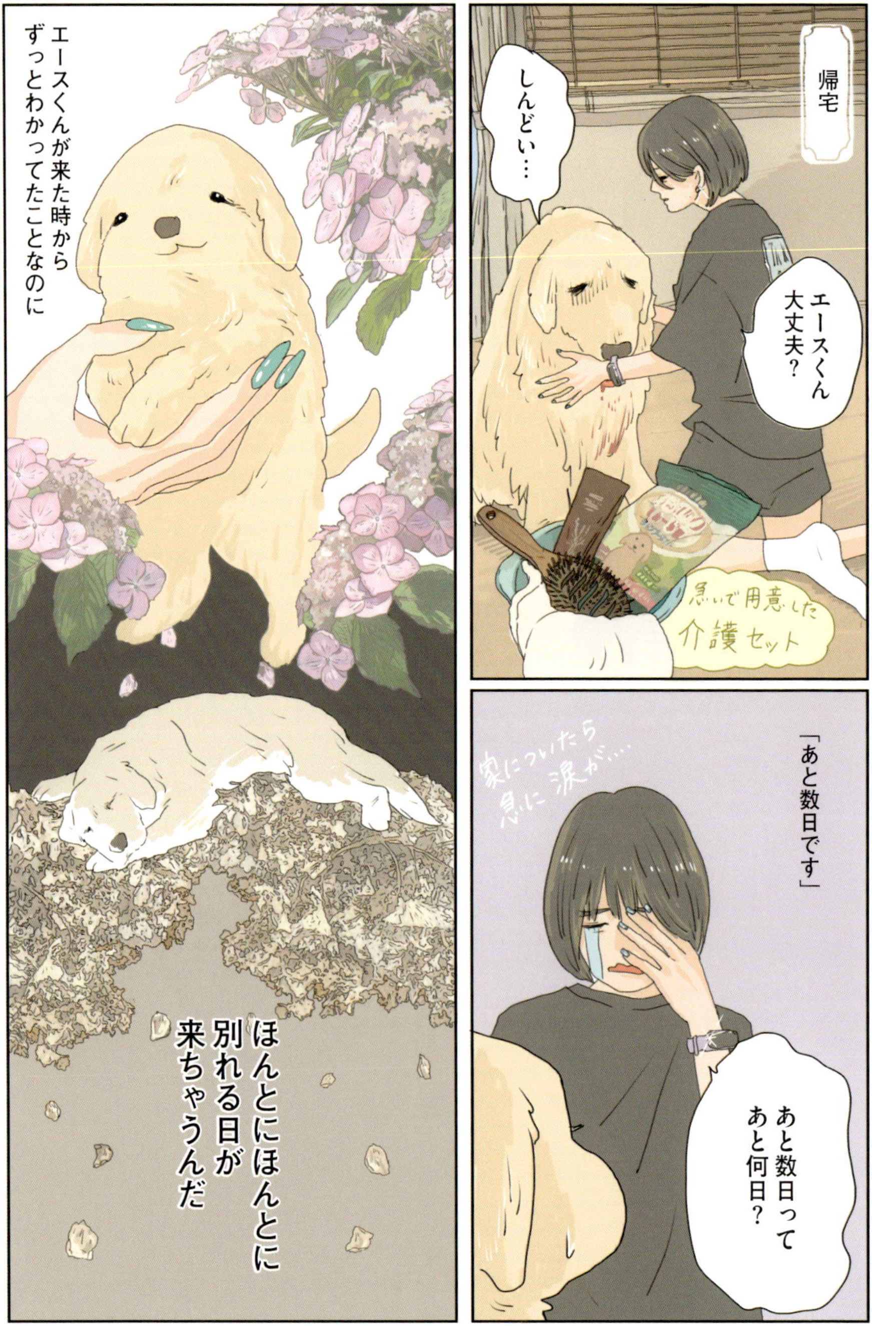
帰宅
しんどい…
エースくん大丈夫？
急いで用意した介護セット
エースくんが来た時からずっとわかってたことなのに
ほんとにほんとにほんとに別れる日が来ちゃうんだ
家についたら急に涙が…
「あと数日です」
あと数日ってあと何日？

今日から私も ここで寝るね
エースは貧血で動けないので 玄関のそばに布団《ふとん》を敷いて そこで生活することにしました
5月13日
また残した…… 食欲ないなぁ
病院
先生
貧血防止でレバーを ごはんに混ぜると いいですよ
レバーを？
犬にとっては 好きなニオイだと 思います
へぇ
レバートッピング
完食
ヨカッタ

5月14日
お散歩は自分で歩ける
うんちも普通の色
夕ごはんは完食！
ただ夜中はつらそうで
何度も起きていました
そわそわ
大丈夫？
痛いの？
そわそわ
うろうろ

5月15日
お散歩はヨボヨボだけど自分で歩ける
うんちは少量で黒い
歯茎の出血は少量だけど止まらず
口の臭いが変わったので
清潔を心がける
歯磨き粉をお湯に溶く
タオルに含ませて
絞って歯を拭く
なぜか
ヨバンも元気がない

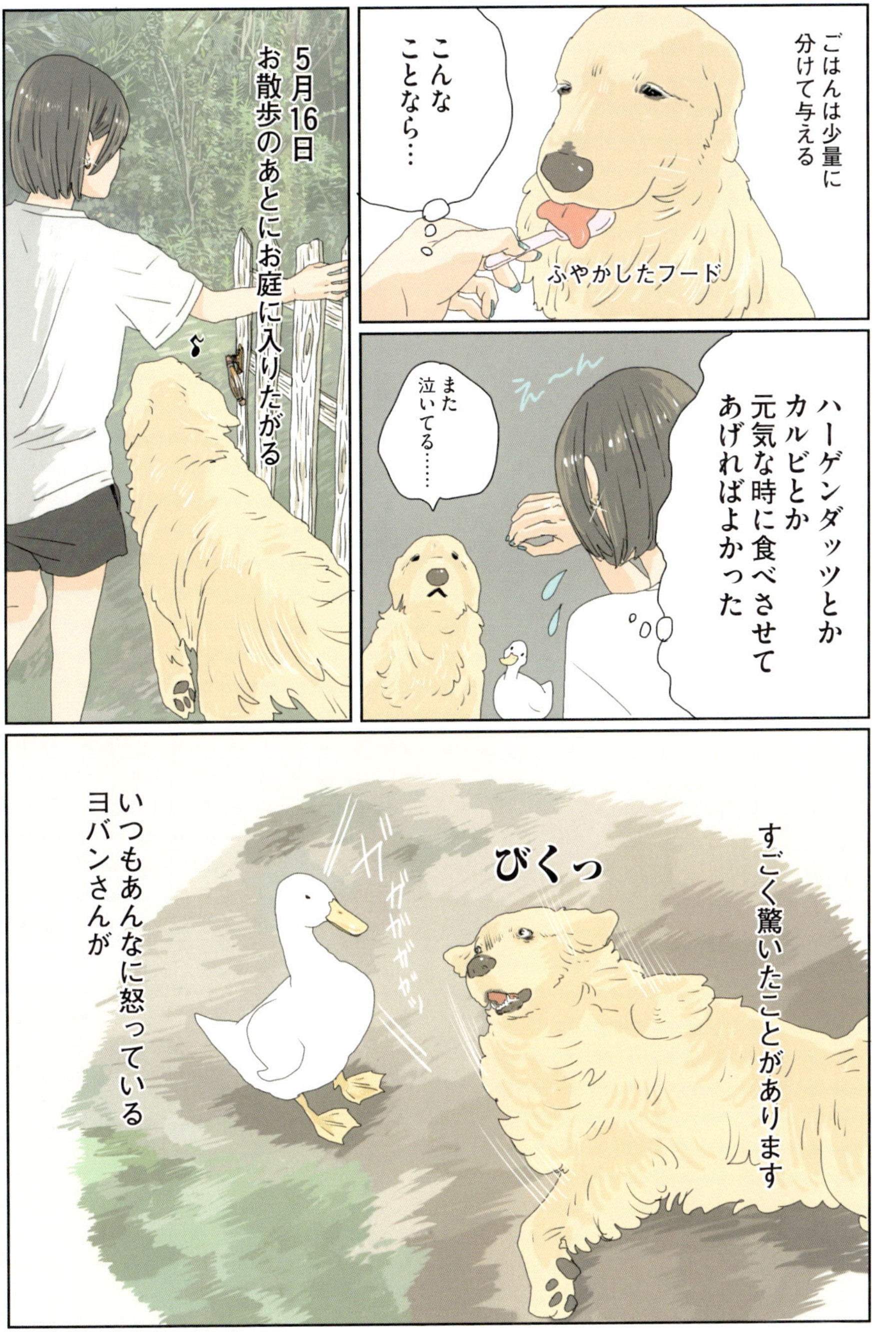
ごはんは少量に分けて与える
こんなことなら…
ふやかしたフード
ハーゲンダッツとかカルビとか元気な時に食べさせてあげればよかった
え〜ん
また泣いてる……
5月16日お散歩のあとにお庭に入りたがる
すごく驚いたことがあります
びくっ
ガガガガッ
いつもあんなに怒っているヨバンさんが

エースくんに
タライのお水を
譲っていました

次の日からまた普通に怒ってたけど……
ガァアアア アアア
うわぁ
あぁ…
あきらかに弱っているエースの変化にヨバンも気付いているのはわかりました
…
ヨバンにとってエースってどんな存在なんだろう
エースが死んじゃったらヨバンはどう思うんだろう

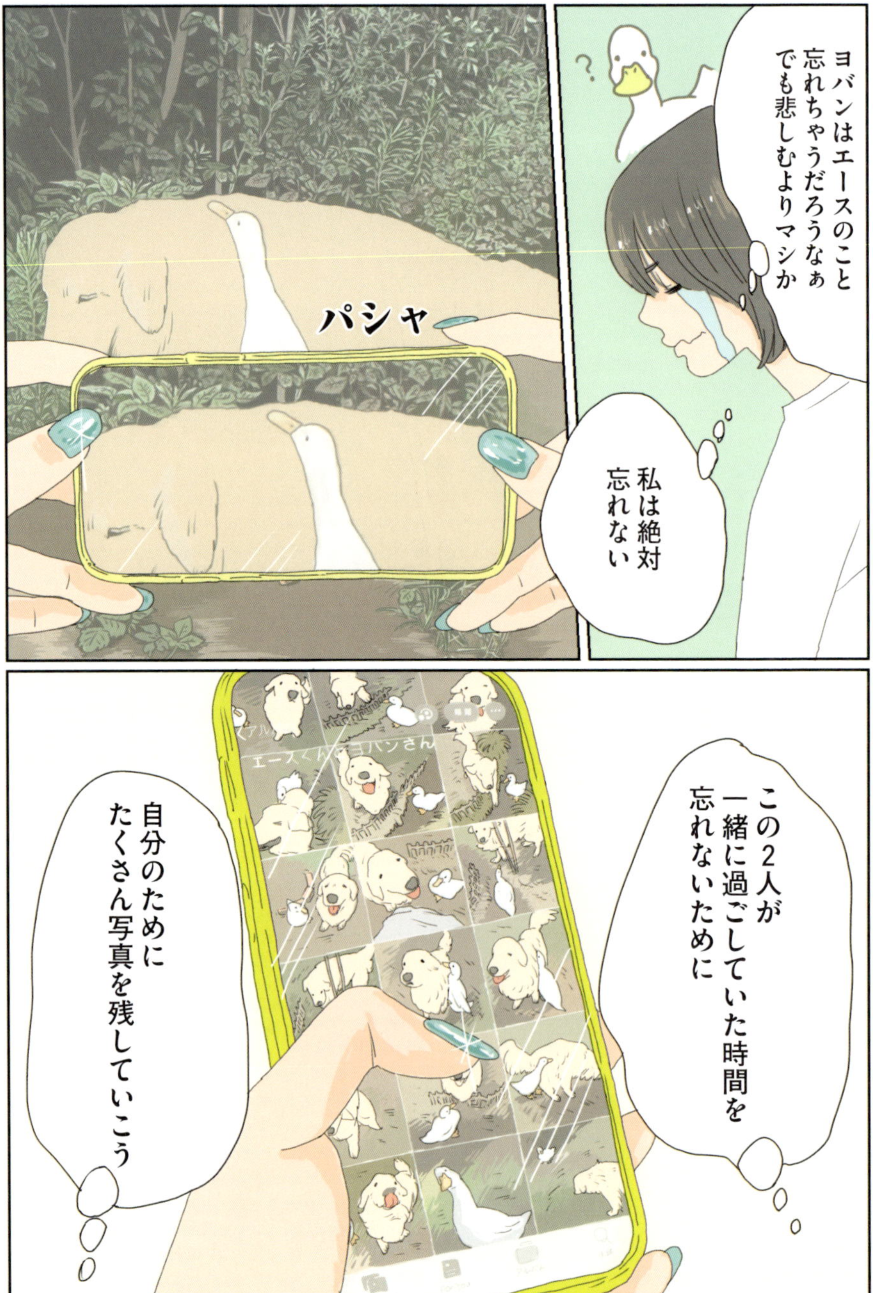
ヨバンはエースのこと忘れちゃうだろうなぁでも悲しむよりマシか
私は絶対忘れない
パシャ
この2人が一緒に過ごしていた時間を忘れないために
自分のためにたくさん写真を残していこう

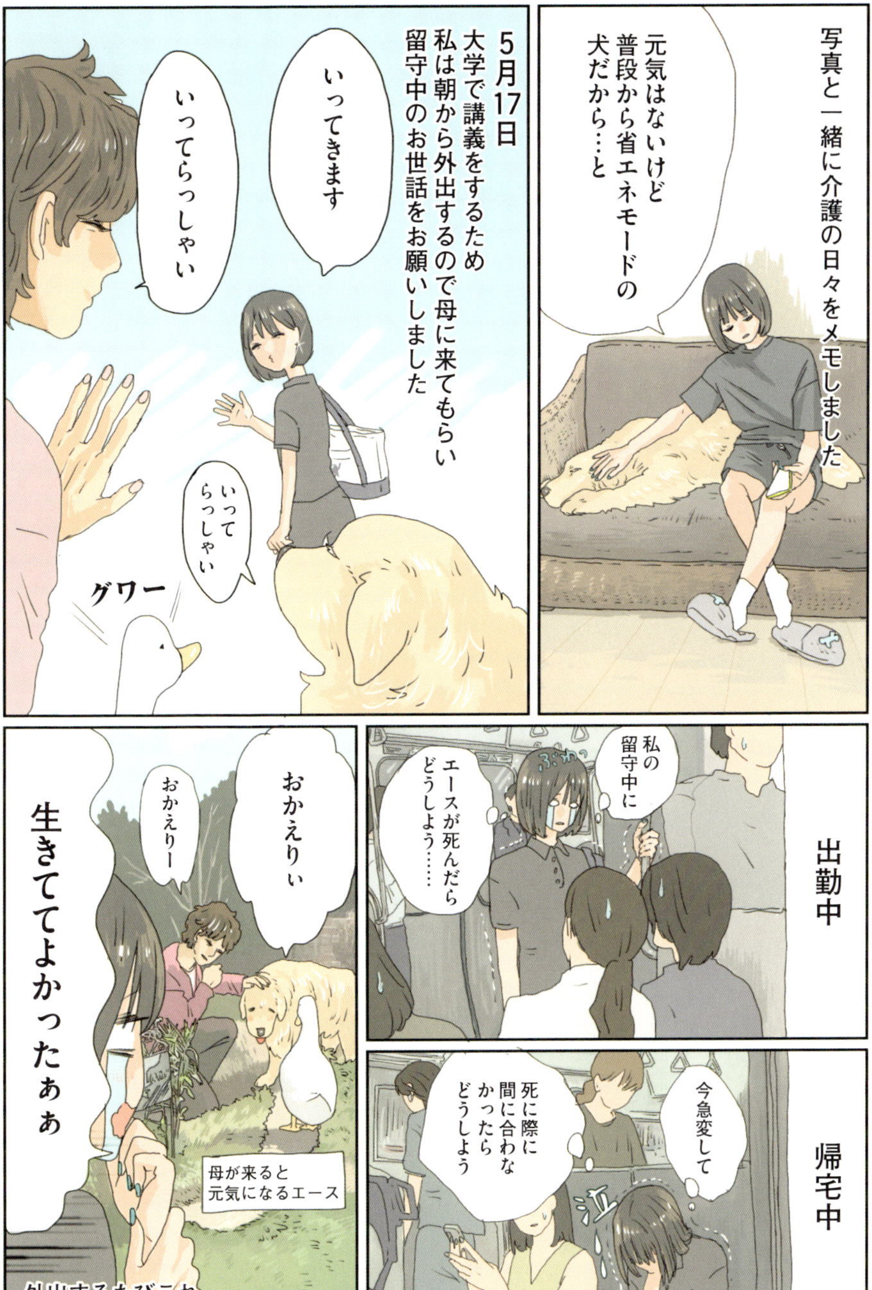
写真と一緒に介護の日々をメモしました
元気はないけど普段から省エネモードの犬だから…と
5月17日
大学で講義をするため私は朝から外出するので母に来てもらい留守中のお世話をお願いしました
いってきます
いってらっしゃい
いってらっしゃい
グワー
出勤中
私の留守中に
エースが死んだらどうしよう……
ぶわっ
帰宅中
今急変して
死に際に間に合わなかったらどうしよう
泣
おかえりぃ
おかえりー
生きててよかったぁぁ
母が来ると元気になるエース
外出するたびこれ

エースと
撮ってあげるよ
1日…いや1時間でいいから
この日に戻りたいです

5月22日
具合が悪くなってから今までで
いちばん元気な日
アヒルのおもちゃを
投げて遊びました
こんなに調子いいのに
あと数日で死ぬなんて信じられない
きっと先生は大げさに言ったんだな
5月23日
明け方5時半頃
エースが私の
枕元に座って
見下ろしていた
じぃっ
どうしたの?
背中を預けてきたので
エースが寝るまで
撫で続けてあげた
全身が痛くて寝つけない
のだと思いました
いい子
ヨシヨシ
ヨシヨシ

朝8時半に病院へ
予想していたより元気な日が多く
大丈夫かもと期待しましたが……
余命？
うーん
5月中かも
しれませんね
え…
レバー食べてるのに？
お庭歩き回ってるのに？
散歩も行けてるのに？
点滴を打って止血のお薬をもらいました
点滴の影響か何度もうんちをしたくて
お外へ行きたいと催促《さいそく》
夜中にも私を何度も起こして
お外へ出ました

真衣ちゃん
はい　はい
うんち？
お散歩行こっか
3時半か
こんな時間に起こされたの初めてだ…
土の濡れた匂いがする
うん懐かしい感じがするね

夜中のお散歩は世界に2人だけみたいで
楽しかったです

10年ぶりだったふたご座流星群を一緒に見たの思い出すね！まだ多摩のアパートに住んでた時だよね
なつかしい〜
あの時は私も20代でエースもまだ3歳だったかな一緒に流れ星にお願いしたよねぇ！
また一緒に見られますように
病院で先生に
「なんだかんだで秋まで生きるってことはありますか？」
と聞いたら
「秋はない」
と即答されました
今後はエースが
苦しまないように
ゆっくりゆっくり弱って
老衰のような最期を
迎えられるようにしようと
話し合いました

5月24日
口からの出血で顔や手がすぐ血まみれになってしまうのがかわいそう
白血病は免疫力が下がるので清潔にするよう心がけました
トリートメントをぬるま湯で溶く
血を拭いたらホットタオルでポンポンする
ふわふわ
これを終日無限にくり返す
タオルを1日じゅう絞るから手のひらがピリピリして痛い
でもあと数日しか一緒にいられないと思うとなんでもしてあげたい
できることなら代わってあげたい

わー
ペロペロ
ぎゅう♡
この日の夜はすごく甘えん坊でした
私と一緒に病院へ行ったり 身体じゅうが
痛くなったりして自分の変化に気付いたはず
だから私のそばに
いてくれたのだと思います

5月27日
朝ごはんは手作りスープを2回に分けて食べる
エースと遊んでいると
ヨバンが交ざりに
来ました
はい！
ガァアアアアァァ
ベタベタベタ
エースくんが好きな
アヒルのおもちゃ

かまってほしくて
必死にエースを追いかけるヨバン

5月30日
真衣ちゃん
起きて
やばい！
明け方 私の肩に
オテをして揺するように
起こされて 外に出た瞬間
下痢に
え？
ん？
午前中は病院へ
行って点滴を
帰りはエースが車から
降りられず 一緒に
トランクでのんびり

5月31日
固形物は食べられず
うんちは普通
夕方のお散歩の時に初めて
自分から海に続く散歩コースへ
行きたがって様子が変でした
エース 海は
無理だよぉ
エースは海に行きたがっていました
今日行かなければ今後は無理って
わかってたんだと思う

6月1日
固形物は食べずスープはペロペロ飲む
うんちはまたタール便に
朝のお散歩の
あとにお庭でお水を
がぶ飲み
していました
夕方のお散歩は途中で帰りたがる
ヨバンは いつも以上にエースに
絡んでつきまとっていました

6月2日
シャンプータオルは
毛並みがごわつくので
お尻周りのみ使いました
便がゆるいので
お尻の周りの毛をカット
衛生面でも介護面でも
最適でした
スッキリ

6月3日
お鼻の真ん中に
亀裂《きれつ》があったので
軟膏を塗りました
午前中に
エースくんの
兄弟犬のレンくんが
会いに来てくれました
レンくん

夜のお散歩
トボトボ
エース？
ぴたっ
え？ 休憩？
もう少しで
家だよ？
これも思い出に
撮っとこー
ん？
エースくん？
エース！

息してるけど
人形みたい
失神してる
エースがんばれ！
大丈夫だよ！
がんばれ！
エースが
外で死んじゃう
意識が
ないと
こんなに
重たいの？
うちに
帰ろう！
エース
大丈夫か…
エース！
なんとか帰宅
10年間の日課だった
朝と夜1日2回のお散歩も
今日で終わりなんだと思いました
そして先生の言ってたとおり もう長くないんだ
と実感したショックな1日でした
ポカリを与えたら
起きてくれました

6月4日
朝からチュールも食べずポカリは飲む
ごはんを食べなくなったらいよいよだと
わかっていたので泣いてしまう
エースを不安にさせたくないから
明るく接しようと決めました
こんな状態なのに 洗面室に
いたら迎えに来てくれました
廊下で私にもたれかかるように
体重を預けてきたので
そのまま一緒に横に
Tシャツは血だらけになったけど
もういいやと思いました
かわいい
夜中に何か食べてほしくて
チュールをあげたら舐めてくれた
こんなに目がキラキラしてるんだから
まだまだ大丈夫と希望が持てました

6月5日　朝5時
「朝起きたら亡くなってるかもしれないし…」
先生の言葉を思い出すと眠れない…もう何日も寝不足だ
どうせ眠れないならもう起きよう
もっとこういう時間を作ればよかった
気持ちいい朝だね
うん
チュン
不思議だ…
ブラッシングしても毛がまったく抜けないいつも本体と同じ量くらい抜けるのに…
抜けた毛
本体
何作ってるの?
棺桶《かんおけ》
エースくんのサイズを測ってぴったりの棺桶を手作りしました
大型犬は火葬炉に入れる時に備えて死後硬直する前に手足をたたみます
紐で固定したくなかったのでエースが手足を曲げてぴったり入るサイズにして作りました

6月6日
何か食べてほしくて
いろいろ試しました
この日は夏休みみたいに
エースくんと過ごそうと
決めていた
玄関のタイルの上で
何本も映画を観ました
『A.I.』はエースと
一緒に観られて
本当によかったと
思えた映画だった
エースくんも
ブルー・フェアリーを
探す旅に出れば
いいのに
お利口さんな
エース
あなたを人間の
男の子にして
あげましょう
なんてネ

6月7日
パンプキンスープとミルクを注射器で飲む
お隣さんから紫陽花をいただきました
エースは目を大きく開けて
じっとお花を見ていました
この紫陽花は1年経った今もお部屋に
飾ってあります
9時45分頃ソワソワしだしたので
補助して立たせると 自分で外へ降りて
おしっこをしました
ヨロヨロ
これが最後の排泄でした
最後まで自分の足で立ち
お外でして立派でした
ヨバンさんはいつものように
かまってもらいたそうに
エースの周りを
ウロウロしていました
夕方にエースの体勢を変えようと
抱っこした時に吐いてしまいました
昨日と朝のチュールやスープでした
もう食べ物は消化できてないんだと
気付きました

6月8日
エースの様子があきらかに
いつもと違いました
エースくん
エースくん
がんばれって言っていいのか…
なんて声をかければいいのか…
名前を呼んでほしいのかもと思って
何度も何度もエースと呼びかけました
考えないように
してたけど
死なないでほしいと
この時思った
反応がなくて　また気絶しているのかなと
何度も目を覗き込みました
まばたきをしているのを見るたびに安心して
それをくり返しました
呼吸がエンジンを吹かしたみたいに変化して
もうダメだなと……

いい子だよ
もう意識はないとわかっていたけど
エースが言ってもらいたい言葉を伝えようと
たくさんホメました
エース
えらいね
エースくん
つらいね
最後なのに
エースの顔が見られない
とにかく安心させて
あげたい
大丈夫だよ
エースの耳に直接口を付けて話しかけよう
届いてほしい
そして……
ヨシヨシ
いい子だよ
いい子だよ
ヨシヨシ

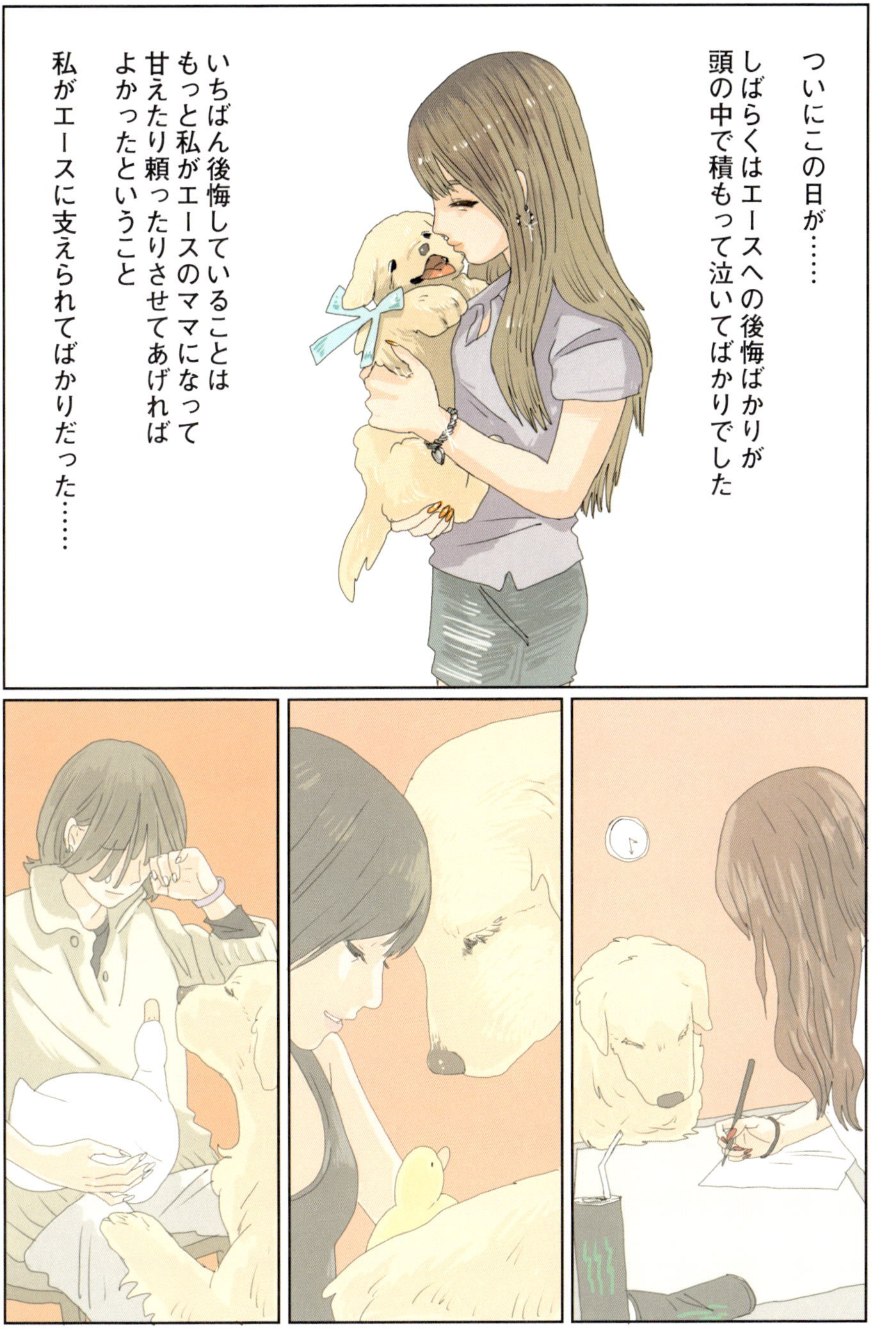
ついにこの日が……
しばらくはエースへの後悔ばかりが
頭の中で積もって泣いてばかりでした
いちばん後悔していることは
もっと私がエースのママになって
甘えたり頼ったりさせてあげれば
よかったということ
私がエースに支えられてばかりだった……

日々の中で
幸せを感じた時は
エースからのプレゼントだと
思って過ごしています
エースくん
ありがとう

版画家・石川真衣
［エースとヨバンの思い出］連作

collect memories -spring-

シルクスクリーン／2024

collect memories -summer-

シルクスクリーン／ 2024

collect memories -autumn-

シルクスクリーン／ 2024

collect memories -winter-

シルクスクリーン／ 2024

egg thief

シルクスクリーン／2021

summer feeling

シルクスクリーン／ 2021

meet again

リトグラフ／ 2024

おわりに

悲しみ以上に尊くて幸せなこと本を作っていて思い出していました

「エースくんとヨバンさんとの暮らしが面白いから本にしよう」と、この本をプロデュース・編集してくれた著述家・編集者の石黒謙吾さんに声をかけていただいたのは2022年11月。その時はまだエースくんが生きていました。すでに白血病だったけど、まだまだエースは大丈夫だと思っていました。

でも2023年6月にエースくんが死んでしまって、それからは毎日がつらくて、誰にも会いたくなくて、エースがいないのに咲いてる花とか晴れてる空とか全部恨《うら》めしくて、絵なんかなんのために描くのかわからないし、何をしても意味がない気がして、エースがいないなら私もいなくなりたいって本気で思いました。初めての感情ばかりで、私ってこんなに暗い人間だったのかとショックでした。

でもエースを理由に版画を作らないのはエースに失礼だし、エースもそんなこと望んでいないと思ったので作品は作り続けていました。そんな時にKADOKAWAの宮本京佳さんから「エースくんとヨバンさんのメモリアルブックのような本を作りませんか」と声をかけていただき、作りたいな、自分のためにも描きたい！　と久しぶりに前向きな気持ちになり、少し止まっていた本の企画がリスタートしました。

エースが亡くなってからこの本に取り掛かるまでのあいだはずっと、最後の介護生活の1ヶ月が強烈に頭にこびりついていて、いっぱい楽しい思い出があったはずなのにそれが思い出せなくて、毎日泣いていました。実際は本を作っているあいだもずっと泣いていました（笑）。でも、本を作るにあたって昔の写真を見返すと、エースと過ごした幸せな日々をだんだんと思い出せるようになりました。

エースは最初から〝チーム石川〟として私のチームメイトになってほしくて迎えた犬です。そして本当に私の〝エース〟になってくれました。でも今、もう一度エースくんを赤ちゃんから育てることができるならば、私はエースの頼れるママになってもっと甘えさせてあげたいです。エースのためにたくさん時間を作って、ていねいにエースと関わって、いっぱい撫でてあげたいです。

エースくん、一緒に過ごした10年間でエースがくれたたくさんの〝やさしさ貯金〟があるから、私は今でもがんばれるよ。思い出のお庭で、エースのためにお花を植えたりヨバンと虫を捕まえたりして過ごしているから、いつでも遊びに帰っておいでね。また一緒に海へ行こうね。

石川真衣

STAFF

漫画・イラスト・写真・文：石川真衣

企画・プロデュース・編集：石黒謙吾

デザイン：川名潤

DTP：藤田ひかる（ユニオンワークス）

校正：鷗来堂

制作：(有）ブルー・オレンジ・スタジアム

編集：宮本京佳（KADOKAWA）

進行：森村利左（KADOKAWA）

営業：南野安早子（KADOKAWA）